ハシブトガラス
(『みぢかなとり』20ページ)

カラスの なかまは、せかい中に います。
はし（くちばし）が ふといのが、ハシブトガラス、
ほそいのが ハシボソガラスです。

監修のことば

　鳥のくちばしを見るたびに、その形や動きのふしぎさに感動します。ときには、理解できないような変な形に、頭をひねってしまいます。

　くちばしの先が食いちがっていたり、下のくちばしのほうが長かったり、上や下のほうへ曲がっていたり……。「どうしてそんな形をしているの？」と鳥に聞きたくなることもあります。もちろん鳥は答えてくれないので、自分で想像するしかありません。

　想像するといっても、研究者の場合は科学的に考えます。遠い昔から、たくさんの研究者が、なぞを解こうとしてきました。そして、それは今も続けられています。

　研究者の多くは、くちばしの形は、進化の結果だと考えています。えさをとりやすいとか、メスに好かれやすいとか、体温調節に役立つなど、生きたり、子孫を残したりするのに有利なくちばしの形が、気の遠くなるような長い時間の中で選ばれたと考えているのです。選ばれたといっても、それは、偶然の積みかさねで選ばれてきました。もしかしたら、もっとよいくちばしをもった鳥が遠い昔にいたかもしれませんが、偶然生き残れなかっただけなのかもしれません。

　そんなふうに、この本で紹介した鳥の、さまざまなくちばしの形を見ながら、その役割やはたらきや進化について、いろいろと考えてみてはどうでしょうか？

　そして、ふしぎなくちばしの鳥たちにとって大切な環境が、じつは私たち人間にとっても大切なのだということに気づいてもらえれば、とてもうれしいです。

村田浩一 （むらた こういち）

1952(昭和27)年、神戸市生まれ。宮崎大学農学部獣医学科卒業。博士(獣医学)。
日本大学生物資源科学部教授。よこはま動物園ズーラシア園長。
1978年から23年間、神戸市立王子動物園に獣医師として勤務。動物の治療を行うと共に、野生動物の病気に関する研究や、希少動物の繁殖・野生復帰に関する研究を進めてきた。現在は、大学の教授と共に動物園の園長も兼務し、楽しく学べる動物園を目指して活動している。また、失われつつある生物多様性の保全に貢献するため野生動物を科学的に探究。獣医学や地球環境科学の観点から、健全な生態系のあり方や、環境と動物との関係についても研究している。
主な編著監修書に『動物園学入門』(朝倉書店)、『動物園学』(文永堂出版)、『獣医学・応用動物科学系学生のための野生動物学』(文永堂出版)、『検定クイズ100 動物 (ポケットポプラディア)』(ポプラ社)、『それゆけどうぶつ』(ぱすてる書房)、『どうぶつえんにいこう』(文渓堂)などがある。

くちばしのずかん
のやまのとり

村田浩一 ● 監修

キツツキ
オウム
ハチドリ
ほか

金の星社

とりは、せかい中の
いろいろな　ばしょに　すんで　います。
この　本では、山や　森、そうげんなどに　すむ　とりたちの
くちばしの　ひみつを　しょうかいします。

ヨーロッパや
アジア、日本の
森や　林などにも
すむ　フクロウ

アメリカ
たいりくの
森や　そうげんに
すむ　ハチドリ

オーストラリアの
森に　すむ
アオアズマヤドリ

先が するどく とがった くちばしです。
とても かたそうに 見えますね。

なんの くちばしでしょう？

アカゲラと いう キツツキの
なかまの くちばしです。
キツツキは 木に とまり、
とがった くちばしで 木を
たたきます。

かたい 木を たたくので、くちばしは
とても かたく するどいのです。

くちばしで 木を たたく アカゲラ

キツツキの したは とても ながく、
先が ぎざぎざして います。
くちばしで 木を たたいて
あなを あけ、その 中に ながい
したを 入れて、木の 中に いる
虫を ひきだして たべるのです。
また、ふかい 木の あなを
すに して、ひなを そだてます。

木の あなに したを 入れる オオアカゲラ

ふとくて 先(さき)が まがった くちばしです。
ふとい したも 見(み)えますね。

なんの くちばしでしょう?

ピーナッツを たべる コバタン

コバタンと いう オウムの なかまの くちばしです。
オウムは、まがった くちばしの 先(さき)で、かたい たねの からを わります。

オウムの したは あつみが あり、ゆびのように とても きように
うごかす ことが できます。
したと 足(あし)を つかって たねの からの わりやすい ばしょを さがし、
大(おお)きくて つよい くちばしで わり、中(なか)みを たべます。
ピーナッツも、じょうずに からを わって
中(なか)の たねだけ たべる ことが できます。

ほそくて ながく のびた くちばしです。
くちばしの 先が はりの 先のように とがって いますね。

なんの くちばしでしょう？

ハチドリの なかまの
ミドリハチドリの
くちばしです。

ミドリハチドリ

ハチドリの なかまは からだが 小さくて、
「ブンブン」と 「ハチ」のような 音を たてながら とぶので、
「ハチドリ」と 名づけられました。

カマハシハチドリ

花の まえで、ホバリング（いちを かえずに
とぶ こと）して、ほそながい くちばしを
花の 中に 入れます。そして、したを
つかって 花の みつを すいます。
したは、先が ブラシのように なって
いて みぞが あるので、ストローのように
みつを すう ことが できるのです。
しゅるいに よって、みつを すう 花が
きまって いる ものも います。
くちばしが 下むきに まがって いる
カマハシハチドリは、くちばしの かたちに
ぴったりの かたちを した
ヘリコニアなどの 花の みつを すいます。

くちばしが とても ほそながくて すこし 上むきに
まがって いる ヤリハシハチドリは、ほそながくて
下むきに さいて いる 花の みつを すいます。
このような かたちの 花の みつを、ほかの とりや
虫が すうのは むずかしいので、ヤリハシハチドリは
たっぷりと みつを すう ことが できます。

ヤリハシハチドリ

とても 大きくて あざやかな いろの くちばしです。
ちょっと おもそうに 見えますね。

なんの　くちばしでしょう？

みを たべようと する オニオオハシ

オニオオハシの くちばしです。
オニオオハシは、くちばしの 先から
おの 先までの ながさが
60センチメートルくらい なのに、
くちばしの ながさは
20センチメートルほども あります。

くちばしが ながいので、ほそい えだの
先に ある 木の みにも くちばしが とどき、
たべる ことが できます。くちばしの 先で
みを つかむと、あたまを 上に むけて 口を
あけ、みを 口の 中に ほうりこみます。
とても 大きい くちばしですが、うすいので
おもくは ないのです。この あざやかな
いろの 大きな くちばしで、ほかの とりを
おどかす ことも あります。

みを 口に ほうりこむ オニオオハシ

とても　するどい　くちばしです。
上(うえ)の　くちばしの　先(さき)が　まがり　とがって　いますね。

なんの　くちばしでしょう？

クマタカと いう タカの なかまの
くちばしです。
ワシや タカの なかまは、どうぶつや、
さかななどの にくを たべます。

木の 上や 空から よく見える 目で
えものを さがし、えものを 見つけると
おそいかかり、ふとくて つよい 足で
つかまえます。つかまえた えものは 足で
しっかりと おさえ、するどく まがった
くちばしで にくを ひきちぎって たべます。
足が フォーク、くちばしが ナイフのような
はたらきを して いるのです。

クマタカ

にくを たべる イヌワシ

小さくて するどい くちばしです。
上の くちばしの 先が まがって とがって いますね。

なんの くちばしでしょう?

フクロウの　くちばしです。

フクロウの　なかまも　ワシや
タカの　なかまのように、
ネズミなどの　小さな
どうぶつの　にくや
虫などを　たべます。

フクロウ

ほとんどの　フクロウは、よるに　かりを　します。
とても　耳が　よいので、えものが　うごく　ときの
小さな　音を　たよりに　かりを　する　ことが　できます。
はねが、とぶ　ときに　音が　しない
しくみに　なって　いるので、しずかに
とんで、えものに　気づかれずに
おそいます。足で　つかまえ、大きな
えものは　するどい　くちばしで
ひきちぎって　たべます。
小さな　えものは　まるのみに　します。
えものを　はこぶ　ときは、ふつう、
するどく　まがった　くちばしで
くわえて　はこびます。

ネズミを　はこぶ　フクロウ

ほそくて ながい くちばしです。
じめんに くちばしを ちかづけて、
なにかを さがして いるようですね。

なんの くちばしでしょう?

はなの あな

キーウィ

キーウィの くちばしです。
キーウィは、ニュージーランドに すむ とべない とりです。

キーウィと いう 名は、「キーウィー」と
なく こえから つけられました。
くだものの キウイは、みの かたちが
とりの キーウィに にて いるので、
名づけられました。
くちばしの 先には 小さな はなの
あなが あります。
ほとんどの キーウィは、よる かりを
します。まっくらな よるの 森で、
くちばしを 土の 中に 入れて、
ミミズなどの えものを その においや
うごきを かんじて つかまえます。

えさを さがす キーウィの くちばし

ふとくて かたそうな くちばしです。
くちばしで なにかを くわえて いるようですね。

なんの くちばしでしょう?

キツツキフィンチ

キツツキフィンチと いう フィンチの なかまの くちばしです。
フィンチの なかまは、ガラパゴスしょとうに
10しゅるい いじょう います。

しまに よって 生えて いる しょくぶつや すんで いる どうぶつが ちがうので、
くちばしは それぞれの しまでの たべものに あった かたちを して います。

キツツキフィンチは、木の 中に いる 虫を たべます。ほそい えだなどを
くわえて 木の 中に 入れ、虫を とって たべる ことも あります。
サボテンフィンチは、ほそながい くちばしで
サボテンの 花の みつや みを たべます。
オオガラパゴスフィンチは、しょくぶつの たねなどを たべます。
大きな くちばしで、かたい たねも わって たべる ことが できるのです。
ハシボソガラパゴスフィンチは、小さな たねや 虫を たべますが、
ほそながい くちばしで とりの からだを きずつけて、
ちを すう ものも います。

サボテンフィンチ

オオガラパゴスフィンチ

ハシボソガラパゴスフィンチ

フィンチの くちばしの なぞ

生きものは、ながい 年月を かけて からだの かたちを すこしずつ かえてきました。

キツツキフィンチ
小えだで よう虫を とる ことを おぼえました。

オオガラパゴスフィンチ
くちばしが、かたい たねを われるくらい ふとく なりました。

もとの フィンチの そうぞうず
さいしょに ガラパゴスしょとうに きた フィンチは、いまは いないと かんがえられて います。

サボテンフィンチ
くちばしが、サボテンの 花の みつや みを たべるのに あった かたちに なりました。

ハシボソガラパゴスフィンチ
とりの ちを すう ことを おぼえました。

大むかし、ガラパゴスしょとうに とんできた フィンチは、1しゅるいだったと かんがえられて います。1しゅるいの とりが、さまざまな しまの かんきょうで、それぞれ ちがう えさを たべる うちに、すこしずつ くちばしの かたちなどが かわって きたのだと かんがえられて いるのです。
このように、ながい あいだに すこしずつ からだの かたちや くらしかたなどが かわって いくことを、「しんか」と いいます。

いまから 180年ほど まえ、イギリスの がくしゃ ダーウィンは、ビーグルごうと いう ふねに のって せかい中を たびして、生きものの けんきゅうを しました。ガラパゴスしょとうでは、おなじ なかまの フィンチが しまに よって くちばしの かたちが ちがう ことに 気づきました。
そして、生きものは まわりの かんきょうに よって、ながい あいだに すこしずつ からだの かたちなどが かわって 「しんか」する ことに 気づき、その ことを 本に かいて はっぴょうしました。

ダーウィン

ビーグルごう

ほそながくて　まがった　くちばしです。
上(うえ)と　下(した)の　くちばしが、くいちがって　いますね。

なんの　くちばしでしょう？

まつぼっくりの おくに ある たねを たべる イスカ

イスカの くちばしです。
イスカの くちばしは、先(さき)が まがり 左右(さゆう)に くいちがって います。

イスカは、まつぼっくりの おくに ある たねを たべます。
くいちがった くちばしを まつぼっくりの 中(なか)に さしこんで こじあけ、
おくに ある たねを たべるのです。
くちばしが くいちがって いると、たべにくいのでは ないかと
おもって しまいますが、イスカの くちばしは、くいちがって いる ことで
うまく たねを たべられるのです。

ほそくて ながい くちばしです。
ハチを たべようと して いますね。

なんの くちばしでしょう？

ハチクイの なかまの ヨーロッパハチクイの くちばしです。
ハチクイは 「ハチ」を 「くう」ので、「ハチクイ」と 名づけられました。
ハチだけで なく、トンボなど ほかの 虫も たべます。

◀ハチを とろうと する ヨーロッパハチクイ
▼とびながら 虫を つかまえた ヨーロッパハチクイ

ハチは、どくの はりを もって います。ハチクイは、ハチを つかまえると 木の えだなどに ハチの おなかを たたきつけ、はりと おなかの 中に ある どくえきの 入った ふくろを とってから たべます。
ほそながい くちばしを 大きく あけて とびながら、とんでいる 虫を つかまえるのも じょうずです。

小さくて みじかい くちばしです。
くちばしの まわりに たくさんの けのような ものが
生えて いますね。

なんの くちばしでしょう？

ヨタカの くちばしです。
ヨタカは 「よる」に かりをし、
すがたが 「タカ」に にて いるので、
「ヨタカ」と 名づけられました。

ヨタカ

くちばしは、1センチメートルほどしか ありませんが、口は とても 大きくて 目の 下まで あきます。また、口の まわりには かたい けのような はねが たくさん 生えて います。大きな 口を いっぱいに ひらいて とびながら、とんでいる 虫を とって たべるのです。かたい けのような はねが、虫とりあみのような やくわりを して います。アメリカヨタカも 大きな 口を して います。水の 上を とびながら、水を のむ ことも できます。

口を あけた ヨタカ

水を のむ アメリカヨタカ

みじかくて　ふとい　くちばしです。
ほそい　はっぱを　くわえて　いますね。

なんの　くちばしでしょう？

・すを つくる メンガタハタオリ

ハタオリドリの なかまの メンガタハタオリの くちばしです。
ハタオリドリは、とても きように くちばしを つかいます。

くちばしで ほそく きりとった はっぱなどを くちばしで
きように あんで ・すを つくるのです。
・すは ボールのような かたちを して いて、下(した)の ほうに 入口(いりぐち)が あります。
そのため、・すの 中(なか)に 雨(あめ)が 入(はい)りにくく、ヘビなどの てんてきも
入(はい)りにくいのです。

きような くちばし

ハタオリドリの ほかにも、くちばしを きように つかって
すなどを つくる とりが います。

すづくりを する オナガサイホウチョウ

オナガサイホウチョウは、くちばしで はっぱに あなを あけ、そこに クモの 糸を とおして はっぱを ぬいあわせて すを つくります。「お」が「ながく」、まるで「さいほう」（はりと 糸で ぬのを ぬうこと）を するようなので、「オナガサイホウチョウ」と 名づけられました。

アオアズマヤドリの オスは、メスの ために すてきな にわを つくります。くちばしで あつめた えだで かきねのような ものを つくり、その まわりを 青い はねなどで かざります。うつくしく つくられた にわに きょうみを もった メスが くると、きれいな かざりを くちばしで くわえて メスに 見せ、「けっこんしようよ」と さそいます。メスは、気に 入ると かきねに 入ります。

メスに かざりを 見せる アオアズマヤドリの オス（右）

深い森や広い草原など、野山で生きる鳥たち

　森や草原にすんでいる鳥たちは、そこにいるさまざまな生きものたちを食べています。鋭いくちばしで木に穴をあけ、中の昆虫を食べるキツツキ、太くて大きなくちばしで種のかたい殻を割って食べるオウム、細長いくちばしで花の蜜を吸うハチドリ、そして、鋭いくちばしで動物を食べるフクロウやタカの仲間……。いずれも、それぞれの食性に合ったくちばしの形をしています。

　さらに、キツツキのくちばしには、木をたたくときの衝撃を吸収できる構造があり、オウムには、よく動く太い舌があり、ハチドリには、ブラシがついたストローのような形の舌があります。ワシやタカの仲間は、強い足と鋭い爪ももっています。

　くちばしは、食べるためだけでなく、さまざまな役割を果たします。オニオオハシの大きなくちばしには、体温を調節する機能があることもわかってきました。その名も「機織り鳥」とよばれるハタオリドリの仲間の鳥たちは、くちばしで器用に葉を編んで、さまざまな形の巣をつくります。

　鳥は、恐竜の子孫と考えられています。かつて、恐竜は地球上で大繁栄しました。その中に、羽毛をもった恐竜が現れました。そして、羽毛をもった恐竜の一部が、進化して鳥になったと考えられています。地球環境の大きな変化によって、ほとんどの恐竜が絶滅したあと、鳥たちは、その姿をさまざまに変えながら、進化を続けています。
　フィンチの仲間が、それぞれの島の環境によって、くちばしの形やくらし方が変化したのも、そのひとつです。

　しかし、森林が失われるなどの原因で、クマタカやイヌワシなど、絶滅が心配されている鳥もいます。野山にすむ鳥たちの生きる環境の悪化は、地球全体の自然が失われることにつながります。野山にすむ鳥たちの環境が失われないような努力が必要です。

くちばしのずかんシリーズ　全❸巻　　村田浩一　監修

鳥のくちばしは、さまざまな形をしています。大きいものや小さいもの、平らなものやとがったもの。いずれも、食べもののとり方やくらし方に合った形をしています。くちばしの形から、鳥たちの生態が見えてきます。さらに、鳥の進化や、コミュニケーションの方法などについても知ることができます。見返しでは、実際のくちばしの大きさも紹介しています。

のやまのとり
キツツキ・オウム・ハチドリほか

木をたたいて穴をあけて中の虫を食べるキツツキの鋭くとがったくちばしや、種のかたい殻も割ることができるオウムの太くて大きなくちばし、花の蜜を吸うハチドリの細くて長いくちばしなど、森や林、草原にくらす鳥たちのくちばしを紹介します。

キツツキ／オウム／ハチドリ／オニオオハシ／タカ／フクロウ／キーウィ／フィンチ／イスカ／ハチクイ／ヨタカ／ハタオリドリ

みずべのとり
カワセミ・シギ・タンチョウほか

水に飛びこんで魚をとらえるカワセミの鋭くとがったくちばしや、獲物やそのとり方に合った形をしたシギの仲間のくちばし、湿原でえさをとるタンチョウの細長いくちばしなど、海や湖や川などにくらす鳥たちのくちばしを紹介します。

カワセミ／シギ／ヘラサギ／タンチョウ／ペリカン／フラミンゴ／ハクチョウ／ハシビロコウ／ヘビウ／クロハサミアジサシ／ニシツノメドリ／ペンギン

みぢかなとり
スズメ・メジロ・カラスほか

植物の種や昆虫を食べるスズメの短くて太いくちばしや、花の蜜をなめとるメジロの細くて少し長いくちばし、昆虫から鳥、小さな動物や生ゴミまで食べるカラスの太くて長いくちばしなど、街で生きる鳥や人に飼われてくらす鳥たちのくちばしを紹介します。

スズメ／メジロ／ヒヨドリ／インコ／ニワトリ／ハト／ツバメ／カラス／ジョウビタキ／ムクドリ／トビ／カルガモ

※「くちばしのずかん」シリーズでは、基本的に鳥の名前を種名で紹介しています。和名については、もっとも一般的なものを採用しました。「キツツキ」のようにグループ名（分類群名）のほうが親しまれているものは、グループ名も同時に紹介し、その特徴も解説しています。

■編集スタッフ
編集／ネイチャー＆サイエンス
（三谷英生・荒井 正・野見山ふみこ）
写真／アマナイメージズ
文／野見山ふみこ
イラスト／マカベアキオ
装丁・デザイン／鷹觜麻衣子

くちばしのずかん
のやまのとり　キツツキ・オウム・ハチドリほか
初版発行　2015年2月

監修　　村田浩一
発行所　株式会社 金の星社
　　　　〒111-0056　東京都台東区小島1-4-3
　　　　TEL 03-3861-1861（代表）　FAX 03-3861-1507
　　　　振替 00100-0-64678　ホームページ http://www.kinnohoshi.co.jp
印刷　　株式会社 廣済堂
製本　　株式会社 福島製本印刷

NDC488　32ページ　26.6cm　ISBN978-4-323-04137-7
©Nature&Science, 2015　Published by KIN-NO-HOSHI SHA, Tokyo, Japan
■乱丁落丁本は、ご面倒ですが小社販売部宛ご送付下さい。送料小社負担にてお取替えいたします。

JCOPY (社)出版者著作権管理機構 委託出版物
本書の無断複写は著作権法上での例外を除き禁じられています。複写される場合は、そのつど事前に、(社)出版者著作権管理機構（電話 03-3513-6969、FAX 03-3513-6979、e-mail: info@jcopy.or.jp）の許諾を得てください。
※本書を代行業者等の第三者に依頼してスキャンやデジタル化することは、たとえ個人や家庭内での利用でも著作権法違反です。

ほんとうの 大きさ

ツバメの ひな
(『みぢかなとり』18ページ)

小さな からだで
くびを せいいっぱい のばし、
口を 大きく あけて、
おやに えさを ねだります。

フクロウ
(『のやまのとり』16ページ)

するどく とがった
くちばしです。
くちばしは 小さいのですが、
口を 大きく あける
ことが できます。